EL ESTUDIO DE CASO

En la Cuarta Revolución Industrial

Iván Calderón

"Todos los hombres desean por naturaleza saber. Así lo indica el amor a los sentidos; pues, al margen de su utilidad, son amados a causa de sí mismos, (...)".

ARISTÓTELES DE ESTAGIRA. LA METAFÍSICA.

CONTENTS

Title Page
Epigraph
¿Para quién es un Brief Look? — 2
El Caso de la Cuarta Revolución Industrial — 3
El legado cognitivo de Chicago — 10
La Brecha Cognitiva — 13
¿Qué es la Inteligencia Aumentada? — 16
¿Qué es un Estudio Caso? — 20
El Caso del Pensamiento Computacional — 24
Una versátil Herramienta Cognitiva — 28
La Educación 4.0 — 31
El Cambio Social 4.0 — 34
¿Cualitativo o Cuantitativo? — 37
El Docente Cognitivo — 39
El Estudio de Caso 4.0 — 42
Sobre el Autor — 45

Autor: **Iván Calderón**.
Diseño de Portada: **Iván Calderón**, with Freepik: Freepik: Free Vectors, Stock Photos & PSD Downloads and Inkscape: https://inkscape.org/ /
Contacto: lit3rario@gmail.com

Queda prohibida la reproducción total o parcial de la obra, a través de cualquier Forma, Medio o Formato, sin el permiso previo y por escrito del Autor.

¿PARA QUIÉN ES UN BRIEF LOOK?

El término Brief Look, es un anglicismo que se utiliza para designar la elaboración de un documento escrito, contentivo de "una mirada breve y especializada" en torno de un determinado tema. En el caso que nos convoca, el autor se enfoca en crear una Síntesis Conceptual que permita trazar un Mapa Cognitivo, en torno de la denominada Cuarta Revolución Industrial. En tal sentido, se presentan una serie de Documentos Literarios Esenciales que bajo la denominación Brief Looks, pretenden colaborar con el desarrollo de un nuevo Modelo de Autoaprendizaje para el joven lector de habla hispana, en un también nuevo contexto postglobal, globalista y supranacional.

EL CASO DE LA CUARTA REVOLUCIÓN INDUSTRIAL

La **Cuarta Revolución Industrial**, surgió en la feria de Hannover, Alemania, durante el año 2011 y es diferente a todas las anteriores, debido a que sus tecnologías son de índole **exponencial**, confluyente y tienen la capacidad de fusionar los mundos *Físico, Digital y Biológico*. Así las cosas, la **Transformación Digital** la podemos entender como un proceso de cambio, drástico y disruptivo, que conlleva el insertar **Poder de Cómputo en los Modos de Producción Industrial Mecanizados**, heredados del pasado siglo XX. Sin embargo, en términos socioeconómicos, la **Cuarta Revolución Industrial** más que "transformar", provocará una verdadera "mutación" en nuestro entorno socio-productivo; lo cual, elevará a niveles nunca antes vistos la **Calidad de Vida**; eso sí, tan sólo de los humanos que puedan darse la posibilidad de disfrutarla...

¿Habrá "Calidad de Vida" para las máquinas y los robots...?

Eso, es algo que aún está por verse en la era del **Proletariado Cibernético**; por el momento, cuanto podemos dar por seguro, es cómo durante la presente década 2020 -2030, asistiremos al surgimiento del **Desempleo Mundial Masivo**; un fenómeno sin parangón en la historia y que significa el advenimiento de una gigantesca y nunca antes vista cantidad de humanos desempleados y desocupados, al mismo tiempo y en todo el planeta tierra. Sin embargo, habrá también un gran cisma en lo referente al "espacio" que ha de ocupar el **trabajador humano**, en esta nueva era del **Capitalismo Cognitivo**.

Hablamos, pues, de dos nuevas clases sociales actualmente en plena emergencia:

1. El **Cognitariado**: Un segmento social constituido por personas de diversas edades, con una formación académica de alto nivel y que ejercen ocupaciones de índole intelectual-analítico; además, manejan el conocimiento informático, cibernético, financiero y tienen claro el nuevo contexto y orden internacional.
2. Y el **Precariado**: Es otro segmento social donde tampoco hace falta una clasificación etaria; dado que quienes lo componen van desde muy jóvenes hasta adultos mayores que tienen como común denominador, el no tener ningún tipo de cobertura laboral ni seguridad social; los más, poseen estudios superiores y hasta especializaciones y maestrías; cuyo **crédito educativo**, en el caso de los jóvenes, suelen estar todavía pagando.

Ambos sectores sociales están interconectados y yuxtapuestos, más que superpuestos; en los dos espacios sociales, se vive "por cuenta propia" y el "trabajo" en sí, está adscrito a un nuevo **Modo de Producción Deslocalizado** que incluso el propio Marx, jamás hubiese podido soñar; sobre todo, si se considera cómo "El Capital" fue escrito durante el período histórico que antecede a la masificación de la iluminación eléctrica.

Durante la **Cuarta Revolución Industrial**, millones de seres humanos estarán sumidos en el "Precariado"; un término, una teoría y un magnífico libro que provienen de la mente sociológica del doctor **Guy Standing** y que define el surgimiento de una nueva **clase social** de alcance **supranacional** y **post-proletaria** y a la que él mismo, define como "peligrosa" y en el peor escenario de esta aciaga y mundializada circunstancia, encontramos a las grandes masas de migrantes que muy probablemente, terminarán constituyendo una nueva forma de **Bagaudas Postcapitalistas** que de manera ineluctable, han de horadar los cimientos institucionales de las actuales Naciones Estado, hasta lograr su "balcanización".

Hasta la fecha, ha habido tres grandes **Revoluciones Industriales**; la primera, surge en el año 1784 con el inicio de la mecanización de los procesos de producción y la llegada de la **máquina de vapor**; cuya tecnología, vale resaltar, los antiguos griegos conocían ya desde los tiempos del gran ingeniero **Herón de Alejandría**, en el siglo I de nuestra era, mas, es este un interesante tema para otro trabajo; cuanto ahora compete reseñar es cómo, gracias a la **energía del vapor** aplicada a la **producción mecánica**, el músculo y la energía a tracción fueron reemplazados por el **poder de la máquina**.

Esta fue la etapa de un gran número de transformaciones tecnológicas y sociales que incluso nos acompañan hasta la fecha y que van desde el nacimiento del **sistema educativo** que aún prevalece, hasta la configuración de nuestras actuales **formas de gobierno** y **patrones de consumo**; en todo caso, cuanto tiene sentido señalar llegado el punto, es cómo a finales del siglo XVIII comienza, con la **Primera Revolución Industrial**, el desmontaje de una milenaria economía rural basada en la agricultura y la fuerza de trabajo animal y humana, para dar paso a una economía urbana que basará en la **Producción Industrial Mecanizada**.

La **Segunda Revolución Industrial**, sobreviene con el desarrollo y la implementación de la **electricidad**, en el año 1870; vendrá luego la invención y subsecuente implementación del **teléfono** en 1876, junto con el desarrollo del **automóvil** por el año 1885; en tanto período histórico, la **Segunda Revolución Industrial** se extiende hasta el inicio de la **Primera Guerra Mundial** y por lo tanto, va desde 1850 hasta 1914; entre sus más destacadas innovaciones está la invención e introducción en el **sector textil**, de la **lanzadera** y la **máquina de hilar**; es, además, la era de la **siderurgia**, del **hierro**, del **ferrocarril** y del nacimiento del **Comercio Internacional** y las **Comunicaciones**. Es la época en la cual, se introduce la **maquinaria agrícola**, se da inicio la **rotación de cultivos** y los **campos** comienzan a ser considerados como **propiedad privada**. La inserción de la **energía eléctrica** en la vida humana, supuso la posibilidad de extender las **horas laborales** hasta las noches y las madrugadas; comenzó además una nueva **división del trabajo** que implicó la implementación de un nuevo **sistema educativo** que, en todos sus niveles, estará orientado tanto a la **producción** como al **consumo en masa**.

La **Tercera Revolución Industrial**, tiene su inicio en los años sesenta del pasado siglo XX y constituye la época en la cual, pueden hallarse los albores de la actual **tecnología digital**; es, además, el momento en el cual comienza el uso masivo de los **computadores**, al tiempo que se dan los primeros pasos para la invención de la **Internet** que pasará de ser una red militar, la ARPANET -por sus siglas en lengua inglesa *Advanced Research Projects Agency Network*-, a constituir durante la próxima década, la red de interconexión planetaria de prácticamente todo, tanto **máquinas**, como **personas** y **cosas**, en todo el **planeta**.

Es durante la **Tercera Revolución Industrial**, cuando el **trabajo técnico especializado** comienza a desaparecer en el mismo sector industrial que lo vio nacer, como consecuencia de la introducción de los primeros **autómatas**; esto ocurre mayormente en el sector de la **industria automotriz** y al día de hoy, **Detroit**, en los Estados Unidos es el mejor ejemplo del "apocalipsis postindustrial". Deviene entonces, una nueva economía basada en servicios, con fuentes de empleo mucho más reducidas, especializadas y que, al día de hoy, están conociendo también su ocaso ocupacional. Por su parte, la **Cuarta Revolución Industrial** es un fenómeno de desarrollo socio-tecnológico basado en **tecnologías cognitivas** que se "sobrepone" a la Tercera y es por ello que articulará cambios diametrales en el escenario social actual, así como en los **mercados laborales**, nunca antes vistos.

Hablamos de nuevos cambios de naturaleza disruptiva; es decir que producen la "interrupción súbita" de los procesos que les anteceden y que obligan a una renovación radical del entorno. Durante la **Cuarta Revolución Industrial**, se integrarán el poder de la **programación de computadores** con el de la **conectividad** planetaria y extensiva a casi cualquier **dispositivo** que ahora mismo tengamos a nuestro alrededor; todo, unido a la **Inteligencia Artificial** que se combinará con el **Internet de las Cosas IoT**, la **Robótica Colaborativa**, la **Fabricación Aditiva** y la **Conducción Autónoma de Vehículos**.

La **Inteligencia Artificial**, se vislumbra como uno de los grandes pilares de la **Cuarta Revolución Industrial** y que estará también vinculada con el desarrollo de nuevos materiales y una nueva economía con tendencia al ahorro y la sostenibilidad; donde el actual **Consumo Masivo**, será visto por las futuras generaciones como un acto barbárico; tal cual, el antiguo circo romano o las aún presentes y lamentables corridas de toros. Será la era del **Grafeno**, de la **Espuma de Titanio** y de la **Nanotecnología** llevada a escalas alucinantes; todo lo cual, permitirá la fabricación de nuevos objetos que hoy son sencillamente impensables.

Pese a los grandes avances y como ya se mencionó, la **Cuarta Revolución Industrial** se ha de caracterizar, además, por el estancamiento de los **salarios**, el incremento exponencial de la **desigualdad** y la **automatización** de una gran cantidad de **trabajos mecanizados**, repetitivos y que exigen altos niveles de **atención** que, al día de hoy, son ejecutados por **humanos**, pero que los venideros **sistemas ciberfísicos** harán mucho mejor.

El impacto de la **Cuarta Revolución Industrial** en las economías de los países emergentes como la **India**, **Asia** o **Sudamérica**, será mucho más fuerte, diametral y hasta dramático. El **Internet de las Cosas IoT**, logrará conectar cada día más y más **objetos**; así, los **datos** emanarán de nuestra *vestimenta*, *alimentos*, *cañerías*, *interruptores*, *televisores*, *pizarras*, *pantallas*, *semáforos*, *carreteras*; prácticamente, todo cuanto al día de hoy está ante nuestros ojos, estará **conectado**. Se habla, en consecuencia, de nuevos requerimientos en el procesamiento de datos que implican la inclusión de más de **50 billones de objetos** en todo el mundo; con la posibilidad añadida de hacer seguimiento a su funcionamiento y modos de interconexión, en tiempo real.

La **Información**, será el nuevo "petróleo" en la **Cuarta Revolución Industrial**; es decir, la nueva **fuente de energía** que dinamizará la nueva **economía mundo 4.0**. La Impresión en **Tercera Dimensión** y la **Fabricación Aditiva**, han de cambiar por completo el actual modelo de **comercio internacional** y **consumo**, al replantear los cimientos mismos de la **manufactura**; la **fabricación industrial**, se basará en un nuevo *Modelo Abierto de Intercambio de Información* que se habrá de heredar de las **tecnologías LINUX** y el **Software Libre**; en el futuro, todo, absolutamente todo, *vestimenta, alimentos, joyas, instrumentos musicales, edificios,* se habrá de **imprimir** y en lugar de enormes buques con contenedores monstruosos viajando por los océanos y contaminándolos, tendremos **algoritmos de fabricación** que "viajarán" por todo el mundo, a través de la **Computación en la Nube**.

Incluso, se podrán imprimir **órganos humanos** para trasplantes y para quienes aún gusten, se emularán alimentos basados en membranas como las carnes. Ahora bien, durante la **Cuarta Revolución Industrial** los protagonistas serán los **Robots**; palabra que fue utilizada por primera vez en 1920 por el escritor y dramaturgo checo de ciencia ficción **Karel Capek**, en su obra *Rossum's Universal Robots R.U.R* y que traducida al castellano significa: "siervo". La **Conducción Autónoma**, ha de transformar por completo el negocio del transporte y sin duda, dejará sin trabajo a muchos **choferes humanos**; el **cambio** de las energías fósiles a las **renovables**, traerá nuevos paradigmas de socialización, producción y consumo inteligente; en fin, hablamos de un cambio irreversible y drástico que mejorará las condiciones de vida de la especie humana, en detrimento de la calidad de vida de millones de sus actuales, poco sostenibles y desprevenidos integrantes. Así mismo, las **máquinas** podrán tomar **decisiones autónomas**; en tanto la **superpoblación humana** generará un severo impacto sobre el **medio ambiente**.

Como tal vez el mismo Carlos Marx, ni siquiera llegaría a concebirlo en sus más alucinantes elucubraciones, surgirá una nueva **Fuerza de Trabajo Cibernética** basada en **Robots**. El actual ecosistema financiero en línea y altamente especulativo, se verá sobrepasado por la **Inteligencia Artificial** asociada a la **Computación Cuántica**; cuyos **algoritmos de barrido** podrán cerrar mercados completos y quebrar *brókeres* en tan sólo millonésimas de segundos. Aparecerán nuevas empresas en el sector bancario, con nuevos modelos híbridos de inversión; donde participarán tanto los **humanos** como los **robots** y las **máquinas**. Será, además, la era del advenimiento de la **Economía de Plataformas y el Big Data**; en suma, la **Cuarta Revolución Industrial** supondrá un cambio radical en la manera como las personas han de interactuar con la **Realidad** y, por lo tanto, implica un cambio de **Cosmovisión**, más que de mera *Mentalidad* y de allí, parece pertinente abordar los **Estudios de Caso** como un inestimable **recurso cognitivo** para comprender y adaptarse a esta nueva gran transformación.

EL LEGADO COGNITIVO DE CHICAGO

Lo primero que se debe tener en cuenta al abordar los Estudios de Caso, es que no existe un consenso terminológico, con respecto a una definición estricta y un ámbito bien delimitado de alcance y competencia; no obstante, aquello que sí está por completo especificado y claro es: ¿Para qué sirve un Estudio de Caso?

En las **Ciencias Sociales**, el término "Estudio de Caso" posee distintas connotaciones **semánticas** y depende casi de cada **autor**, tanto la **definición** como la **aplicabilidad** que se le otorguen; sin embargo, en la presente entrega documental se considera fundamental señalar que es la **Escuela de Chicago**, la entidad que utiliza por primera vez tal término y que lo enfoca en el campo de las **investigaciones cualitativas**.

Ahora bien, el mismo término "Escuela de Chicago", quizás haciendo un ignoto homenaje a los "Estudios de Caso", es también terminológicamente difuso; pues, incluso si lo googleas, podrás apreciar cómo la "Escuela de Chicago" es el nombre dado a la **Escuela de Economía de la Universidad de Chicago** y que tiene como *leitmotiv* la ponderación a ultranza del **Libre Mercado**; no obstante, el término también distingue a un conjunto de trabajos de investigación en **Ciencias Sociales** que fue llevado a cabo por un grupo de profesores y estudiantes de la misma universidad, entre los años 1915 y 1940 y que componen uno de los más sólidos fundamentos de la actual **Sociología Urbana**.

Para la época en la cual nacen los **Estudios de Caso**, Chicago era una ciudad superpoblada, con unos muy elevados índices de **delincuencia** y que estaba entrando en un proceso de **guetificación**, como consecuencia de la cada vez más creciente y descontrolada población de inmigrantes; fue entonces, cuando estos lúcidos investigadores de la **Escuela de Sociología de la Universidad de Chicago**, deciden abordar y comprender el cada vez más caótico **Espacio Social** que les contenía, desde una posición metodológica "vivencial" que hasta el día de hoy, se conocen como la **Investigación Participante**.

Con la **Observación Vivencial y Participativa del Investigador**, la **Escuela de Sociología de la Universidad de Chicago** promueva la utilización formal del **Método Científico** en sus indagaciones; así, se crea el paradigma investigativo que se conoce en la actualidad como "Cualitativo" y que es el más adecuado para alcanzar una explicación de los fenómenos abordados. Los **Estudios de Caso** se revalúan a comienzos de la década del sesenta; época en la cual, los **estudios cualitativos** son tomados por los medios publicitarios y los empresarios, tanto para incentivar el ya saturado sistema de **Consumo Masivo**, como para mejorar de manera paulatina la calidad de los **productos** y **servicios**.

Hecho este **contexto histórico** muy breve, parece pertinente preguntar:

¿Cuál es la utilidad de todo esto en la Cuarta Revolución Industrial...?

Al día de hoy, se trabaja en el desarrollo de una **Inteligencia Artificial Fuerte**, en tanto "generalista" y he aquí la trascendente utilidad de "saber y poder explicar las cosas":

Cuando se habla de "Inteligencia Artificial", existe una dicotomía entre la **Inteligencia Artificial Especializada** que es considerada "débil" y la segunda y menos conocida que es una Inteligencia Artificial "dura", con la capacidad de hacer **generalizaciones** a partir de "poder y saber explicarse a sí misma las cosas del mundo"; es decir, una Inteligencia Artificial con "Mente".

¿Y para qué quiere una Inteligencia Artificial, tener "Mente"?

Tenemos "Mente", para poder darle a nuestra **Conciencia** una **explicación** de todo cuanto **vivimos**; eso que para nosotros sería "Pensar", es a cuanto la **Ciencia Cognitiva** del siglo XXI llama: "Súper-inteligencia artificial". La **Ciencia Cognitiva**, por su parte, consiste en el estudio de la "Mente" y sus procesos desde un campo interdisciplinario que implica a la *Antropología*, la *Sociología*, la *Neurología*, la *Ingeniería*, la *Lingüística* y la *Filosofía*.

Mientras la **Analítica** tradicional proporciona tan sólo información graficada basada en datos, el **Cómputo Cognitivo** convierte el **análisis** que elabora la **Inteligencia Artificial**, en una serie de "recomendaciones" que permiten la "compresión" de la denominada **Información No-Estructurada**; compuesta por *imágenes, sonidos, memes, tweets, blogs, archivos de texto, audio y vídeo, correos electrónicos* y un muy amplio etcétera.

Nutrido del **Pragmatismo de Dewey** y del **Interaccionismo Simbólico de Mead y Blumer**, el gran **legado cognitivo de la Escuela de Sociología de Chicago**, estaría en hacer de la **vivencia del investigador**, una singular forma de "epistemología en acción" que *observa, analiza y explica*, desde el **Método Científico**, el **Hecho Social**.

Así las cosas, el gran **legado cognitivo de la Universidad de Chicago**, estaría en el diseño de una forma "vivencial" que les permitirá a los venideros autómatas inteligentes "fuertes", "evaluar" las cualidades y por extensión, poder determinar la "calidad" y el "valor distintivo" de "algo".

LA BRECHA COGNITIVA

Incluso al día de hoy, suele ser bastante común que las personas comparen aún el funcionamiento del cerebro humano, con el de una computadora; sin embargo, existe una diferencia fundamental entre ambos, como lo es su capacidad de tomar decisiones de manera autónoma, en la medida como cambia su organización; así, la Neurociencia contemporánea nos dice que tanto los "recuerdos" como la "conciencia", son una cuestión de "redes" y al parecer, incluso el "alma" estaría también en la red neuronal que configura el cerebro. Al día de hoy, la Neurociencia sabe ya que las neuronas, contrario a la antigua creencia, promulgada durante el pasado siglo XX, no se "mueren"; más bien, se "debilitan".

Sí, aquellas **neuronas** que no se "usan" y en consecuencia que no se "interconectan", con el tiempo se hacen más delgadas y pequeñas. Hasta no hace mucho, los **Neurocientíficos** pensaban que las **neuronas** comenzaban a "morir" después de los cuarenta años y con ello, nos dejaban un panorama bastante sórdido para nuestros últimos días en este plano existencial; con un cerebro "desgastado", "vacío", "rígido", incapaz de **aprender** y, en consecuencia, de **adaptarse** y **sobrevivir**. En la actualidad, la misma **Neurociencia** ha comprobado cómo las **neuronas** son las **células** más "duras de matar" de todo nuestro organismo y, además, nacen nuevas **neuronas** durante toda nuestra vida, sobre todo, en el área del **cerebro** dedicada al **aprendizaje** y la **memoria**; eso sí, esto es algo que debemos "estimular" de manera consciente y diaria. Hablamos, pues, no de una **computadora** o de un **autómata** que reside dentro de nuestro **cráneo**; el **cerebro**, es el **órgano** más complejo de todo nuestro **organismo**; pesa en promedio un kilo y medio y contiene más de mil millones de **neuronas** que se distribuyen en complejísimas **redes**.

Nuestro **cerebro**, se halla siempre en constante **reordenamiento** y **cambio**; desde antes de nacer y hasta el momento en el cual morimos y a esto, se le conoce, al día de hoy, como **Neuroplasticidad Cerebral**. Por su parte, el primer criterio en el desarrollo de un **Estudio de Caso**, ha de ser, siempre, el de lograr la **máxima eficiencia** y **rentabilidad** de aquello que abordamos como **objeto de estudio** y **fuente de aprendizaje**; por lo tanto, se deben escoger **casos** accesibles, con **actores** bien caracterizados; es recomendable también que el **fenómeno** por **estudiar** sea o se halle **contenido** en un **sistema integrado** y relativamente independiente de su entorno. El nivel de eficiencia de la **Inteligencia Artificial**, dependerá directamente de la clara especificación de las **Tareas** que debe realizar y no, de la "cantidad de cosas que se le enseñen a hacer". Es así, como el **Estudio de Caso** será un muy eficiente *Método para el Diseño de un Modelo Computacional Cognitivo* que permita establecer los *Sistemas de Variables* que, al día de hoy, comienzan a requerir las nuevas *Arquitecturas Informáticas Cognitivas,* tales como:

- Las Emociones.
- Los Sentimientos.
- Los Valores.
- Las Habilidades del Pensamiento.
- Las Fortalezas y Debilidades Psicoemocionales.

Por su parte, las **Técnicas de Inteligencia Artificial**, con su rama más conocida y refinada como lo es el **Machine Learning**, están ya "detrás" de la mayoría de las *acciones, transacciones, operaciones* y *aplicaciones* que utilizamos en la **Web**. Hablamos de *Sistemas de Navegación para el Tránsito Vehicular, Sistemas que Recomiendan Productos de manera Reactiva/Predictiva;* incluso, no estamos lejos ya de la completa *Personalización de los Diagnósticos Médicos.*

El **Machine Learning**, como todas las demás **Técnicas de Inteligencia Artificial**, es un "Proceso Mental" que la **Inteligencia Artificial** ejecuta gracias al previo **Entrenamiento Especializado**, por parte de un **Humano Experto**, de una serie de **Algoritmos de Aprendizaje que Captura Datos del Mundo Real**; he aquí, pues, la actual y muy trascendente importancia de los **Estudios de Caso** en el desarrollo de los nuevos **Modelos de Enseñanza-Aprendizaje** que habrá de requerir la **Educación 4.0**.

El **Estudio de Caso**, será así el *Método Transversal y Nodal* que nos permitirá abordar el **Problema Ontológico**, implícito en los procesos de **Transformación Digital**, incluso desde el **Aula de Clases**; lo cual y a todas luces, es una *Instancia de Investigación tan* **Ardua** como *apasionante, necesaria, pertinente y compleja*. Llegado el punto, huelga aclarar que al utilizar y escribir con la primera letra en mayúscula la palabra "ardua", nos referimos de manera directa y específica al **Concepto de Ciencias Arduas**; desarrollado por los profesores **Ludwig Von Bertalanffy** y **Anatol Rapoport**, para referirse a:

Un tipo de Ciencia que se ocupa del Análisis de Cantidades Inmensas y Fenómenos Complejos, a través de Medios Computacionales.

Adicional a todo lo antes expuesto, es muy probable que en menos de cinco años todas las **interacciones** y sobre todo los **DIÁLOGOS** que sostendremos con los *Sistemas Bancarios, Telefónicos* y de *Suministro de Servicios como Agua y Electricidad*, sean con **AUTÓMATAS**; guiados por una **Inteligencia Artificial que trabaja en la Web Semántica** y será en ese momento, cuando se hará por completo evidente, una ingente y nueva **Brecha Digital Cognitiva** que desde ya, se gesta silente entre nosotros y que hará mucho más arduo y tortuoso el camino de las naciones con economías emergentes, como es el caso de la región suramericana, hacia la **Cuarta Revolución Industrial**.

¿QUÉ ES LA INTELIGENCIA AUMENTADA?

Las plataformas de Inteligencia Artificial que han comenzado a liberarse recientemente, son el producto de una muy ardua investigación que comenzó en la década de los treinta del pasado siglo XX, con los trabajos de Alan Turing; quien luego, durante la década de los cincuenta, publicaría un artículo en la revista Mind que llevaba como título: "Computing Machinery and Intelligence", donde planteó la pregunta: ¿Pueden las máquinas pensar? y en consecuencia, propone un método de su invención para determinar si una máquina puede o no "pensar". Los fundamentos teóricos de la actual Inteligencia Artificial, se encuentran en el experimento que Turing propuso en dicho artículo y que, al día de hoy, se le conoce como: Test de Turing.

Según el **Test de Turing**, se puede considerar que una máquina "piensa", si es capaz de pasar por un **humano** en una **charla ciega**. Durante el año 2018, **Google** presentó una **Inteligencia Artificial** donde programó un *Asistente Virtualizado* que logró pasar el **Test de Turing**; por cuanto, fue capaz de **engañar a un humano** al hacer una consulta telefónica con una voz cibernética que tenía un *tono* y una *sintaxis* por completo humanas.

A las posibilidades de **análisis de contingencias y resolución de problemas de la Inteligencia Artificial**, se les llama **Cap-

acidades; las cuales, están a la disposición de quienes las sepan **programar** y luego **integrar** en un tipo de **herramienta cognitiva móvil**, llamada **API**; por su parte, estas **API**s son **aplicaciones** que residen en un tipo de **computación masificada** que se denomina "en la nube", se distribuyen a través de la **Internet**, mediante un protocolo llamado *REST* y se comunican entre ellas y con los "clientes", a través de formatos *XML* y *JSON*.

La denominada **Ciencia de Datos**, consiste en **desarrollar metodologías de integración** y **códigos complementarios** que permitan hacer de las **Capacidades** de la **Inteligencia Artificial**, una **oportunidad de negocios** que se ha de gestionar como un **servicio**, a través de las **API**s. El **Científico de Datos** es una persona con conocimientos de **programación tradicional**, por lo general en el **lenguaje PYTHON**, con muy altos niveles de **creatividad** y cuyo trabajo consiste en **diseñar**, **codificar** e **implementar** nuevas **aplicaciones** mucho más "localizadas" que permitan "invocar" y utilizar las **API**s, desde cualquier **dispositivo** que esté conectado a la **Internet**. La **Inteligencia Artificial**, básicamente, es una forma de emular el **pensamiento humano**, a través de una serie de **técnicas** avanzadas de **computación**; es posible, además, "conversar" con la **Inteligencia Artificial** actual, utilizando nuestro **lenguaje Natural** en dichas **aplicaciones**. Así mismo, la **Inteligencia Artificial** reconoce **objetos** y **seres vivos**, mediante unas muy sofisticadas **capacidades visuales** y también, hace lo mismo con los **sonidos**. Es importante destacar cómo la **Inteligencia Artificial** es una **Tecnología** que se "entrena" y no se "programa"; lo cual, le permite enfrentar a nuevos **escenarios** y **realidades**, a partir del **aprendizaje**.

El **Científico de Datos**, es el encargado de permitirle a la **Inteligencia Artificial**:

1. Entender.
2. Razonar.
3. Y Aprender.

En nuevos **escenarios vivenciales** y de manera similar a

como lo hacen los humanos; los **sistemas cognitivos**, trabajan mejor con los denominados **datos oscuros** que son un tipo de **datos no-estructurados**, por completo incomprensibles para los sistemas de cómputo actuales.

Los **datos oscuros**, suelen representar más del 80% de toda la **información** que produce un **modelo de negocios**, sea bien una **PYMES** o una gran **empresa**; es, además, un tipo de **información** creada por seres humanos para que *la interpreten otros seres humanos y circula en las actuales **redes sociales**, en forma de fotografías, libros, vídeos, publicaciones hemerográficas* y un sin número de **fuentes no tradicionales**. Esta es una información abstracta y ambigua para los sistemas actuales; de allí, la importancia de la intervención sobre la misma del **Científico de Datos**.

Al día de hoy, la **Inteligencia Artificial** analiza:

1. Relaciones Gramaticales.
2. Estructuras y Sintaxis.
3. Contextos Culturales.
4. Componentes Semánticos.

Con ello y gracias a la labor del **Científico de Datos**, la **Inteligencia Artificial** refina un tipo de **conocimiento**, similar al que contiene el **cerebro** de las personas, a través de **Técnicas** como:

1. Machine Learning.
2. Procesamiento de Lenguaje Natural.
3. y Redes Neuronales.

La **Inteligencia Artificial**, una vez aplicada por el **Científico de Datos**, se convierte en un tipo muy poderoso de **Inteligencia Aumentada** que potencia las capacidades humanas y está orientada al apoyo de humanos expertos.

Gracias a **Internet** y a los servicios de cómputo "en la Nube", es posible hacer **Inteligencia Aumentada** desde nuestro propio hogar, las 24 horas del día y en escenarios ciertamente muy diversos y aún por descubrir. La **Inteligencia Aumentada,** es una forma de **aprendizaje** que "se toma su tiempo" y, además, debemos "aprender a enseñarle" y para ello, están los **Científicos de Datos** que son los **humanos** que se dedican a "entrenarla", en sus **dominios de conocimiento** específicos; es decir, en el siglo XXI y gracias a la **Inteligencia Artificial** habrá una nueva fuente laboral para los humanos, como:

Expertos en Áreas de Conocimiento; quienes han de diseñar aquello que la Inteligencia Artificial "quiera" o "necesite" aprender.

¿QUÉ ES UN ESTUDIO CASO?

En 1870, el profesor de la Universidad de Harvard, Christopher Columbus Langdell, comienza a enseñar leyes haciendo que sus estudiantes lean y analicen "casos reales", en lugar de conformarse con la tradicional consulta a los libros de texto. Sin embargo, es hacia 1914 cuando el "estudio de casos" se formaliza como método de enseñanza en el programa de formación en Derecho, bajo el término "Case System". Un Estudio de Caso es, según la definición de Yin (1994, pág. 13): "Una investigación empírica que estudia un fenómeno contemporáneo dentro de su contexto de la vida real, especialmente cuando los límites entre el fenómeno y su contexto no son claramente evidentes".

En principio, se puede decir que los **Estudios de Caso** se empiezan a nominar por primera vez en los **Estados Unidos**, en el **contexto de la Universidad de Chicago**, mas, quienes hoy se reconocen como los principales referentes, si bien son **estadounidenses**, no pertenecen a dicha universidad; siendo estos, los profesores **Robert Stake** y **Robert K. Yin**.

Un **Estudio de Caso**, es una forma de **abordaje metodológico** que sirve para **estudiar lo particular**. Además de definir el **Estudio de Caso** en la forma como lo hace, el profesor **Stake**, plantea una muy pertinente clasificación sobre los **Estudios de Caso** y en ella, nos dice que podemos tenerlos de tipo:

1. Instrumental.

2. Intrínsecos.
3. Colectivos.

Los **Estudios de Caso de tipo Instrumental**, focalizan su **eje** en el problema de investigación; es decir, el investigador "construye" el **problema** que desea investigar y acto seguido, elige un "caso" para abordar ese problema de **investigación**; no obstante, podría haber elegido cualquier otro "caso", a fin de abordar el mismo "problema" que ha **construido**; el "caso" es pues, el "medio" para que el investigador "instrumente" el **problema**.

Ahora bien, el **investigador** puede bien abrigar otros propósitos y puede seleccionar y elegir desarrollar un **Estudio de Caso**, porque existe algún tipo de fenómeno en particular que es "distinto" del común y que al investigador le interesa abordarlo de manera **holística**, en **profundidad** y en su **particularidad**; ese, es el tipo de **Estudio de Caso** que el profesor **Stake** denomina como **intrínseco**; es decir, al investigador le interesa el caso "en sí mismo" y no el **problema**, como en la circunstancia del **Estudio de Caso Instrumental**. Cuando el investigador aborda una **situación particular**, **distintiva** y que, además, le **interesa** "en sí misma", estará desarrollando un **Estudio de Caso** de tipo "intrínseco".

El **Estudio de Caso Colectivo**, según lo explica el profesor **Stake**, acontece cuando el investigador incorpora **más de dos casos** y trabaja fundamentalmente en procesos de **comparación**. En línea con el profesor **Stake**, cualquier **fenómeno** que se quiera **indagar** en **profundidad** y que se encuadre dentro de un **abordaje cualitativo**; con el cual, se busca conocer la **realidad**, tal cual como sus mismos **actores sociales** la *perciben, sienten y describen;* es decir, no desde una perspectiva "objetivista", sino rescatando la **construcción subjetiva del actor social**, con relación a sus propias **vivencias**, sus **prácticas productivas y culturales**, puede ser objeto de un **Estudio de Caso**.

Coincidimos, además, en que el **Estudio de Caso** es un tipo de estudio de un fenómeno en su **particularidad** y **especificidad**; sin embargo, la selección de un caso de estudio no equivale al desarrollo de una perspectiva analítica de dicho caso o en palabras algo más simples, no se debe confundir la "selección de un caso", con su estudio y menos aún, con la **metodología** que se aplicará para tal fin. De acuerdo con el profesor **Robert Stake**, uno de sus más denodados exponentes, siendo la más destacada de sus obras: **Stake, R.** (1995). The Art of Study Research. Thousand Oaks, C.A. Sage Publications, el **Estudio de Caso** es una **metodología de investig**ación en sí misma que se utiliza para abordar y conocer en **profundidad** un caso en **particular**. De este modo, el "caso" es un sistema limitado -*bounded system*- que el **investigador** analiza en profundidad; atendiendo sus particularidades y recabando el mayor número de detalles posibles.

Con independencia de una definición en disenso, los **Estudios de Caso** encuentran consenso en su **aplicabilidad**; al ser un muy útil **modelo de investigación** para recabar información en profundidad de aquellos fenómenos "micro", caso de la **Microhistoria** por ejemplo y que se les quiere **observar** y **analizar** de manera **holística** y en **contextos** muy precisos de la vida real. Los **Estudios de Caso** se basan en la recopilación de información detallada sobre una misma *entidad, fenómeno, evento, contingencia, individuo* o *grupo* a lo largo de un tiempo considerable y bien determinado; el material analítico proviene principalmente de *entrevistas, observaciones directas* y otras *herramientas descriptivas*.

En resumen, existen dos acepciones con respecto a lo que "es" un **Estudio de Caso**; en primera instancia, se asimila como un tipo de perspectiva metodológica "holística" o también, se entiende como el proceso de selección de una **muestra**, a partir del estudio metódico de diferentes **contingencias**, en **escenarios** bien diferenciados y delimitados, dentro de una **realidad generalizada**.

Así mismo, un **Estudio de Caso** es una actividad *indagativa, sistémica y transdisciplinaria* que se ejecuta en **profundidad**, sobre un "fenómeno micro"; como bien lo puede ser, la **observación** y **análisis** de un **organismo vivo** que padezca una determinada **enfermedad** viral y de allí, aporte un "caso" para su "estudio". En el contexto de la **Cuarta Revolución Industrial**, los **Estudios de Caso** serán herramientas en extremo útiles, al momento de diseñar aquellos procesos orientados a la interacción con los humanos que la **Inteligencia Artificial** tendrá que ejecutar; como, por ejemplo, las consultas iniciales que los interesados en asegurar su vehículo o vivienda, le harán al **Chat box** de las empresas de seguros. El **Estudio de Caso**, podrá ser utilizado por la **Inteligencia Artificial Dura**, como un "recurso de aprendizaje experiencial" que le permitirá **evaluar** cuánta *complejidad subyace* en un *Sistema* que, además, funciona como una **Entidad**, dentro de una **Totalidad**.

Lo verás mejor con un ejemplo:

Tú, eres una *Conciencia* que habita un *Organismo* y eso te convierte en un *Sistema;* pues bien, en tanto *Sistema*, es apenas evidente que eres, además, una *Unidad* que funciona "dentro" de esa *Totalidad,* cómo lo es el *Espacio Social* que habitas. Cuando vas al médico a chequearte, éste, abre una *Historia Médica;* dentro de la cual, coloca los "Estudios de Caso" que ha de realizar en tu persona. Por muy similares que sean dos organismos humanos, tienen diferencias subyacentes; sobre las cuales, el médico debe encontrar una "forma de aprender". Si le agregas tu estado emocional, además de las particularidades orgánicas, tenemos ya la dosis de "complejidad" que "subyace" a los **Estudios de Caso Médicos**; como bien puedes apreciar, tú mismo eres un **Estudio de Caso** y ocurre algo similar, cuando se analizan los **expedientes judiciales** de un grupo de personas que pueden ser "inocentes" o "culpables" o hasta "no-culpables"; todo depende "del Caso".

La **Neurociencia** actual, nos enseña que para "funcionar", la "inteligencia" necesita "entrar en contexto"; el **Estudio de Caso** es, a criterio del autor, aquella **forma de aprendizaje** que mejor la **nutre**; por ser "vivencial" y fundamentarse además en el *Análisis Descriptivo y Particularizado* de los *Objetos* que aborda. La diferencia esencial con el **Método Científico** tradicional, radica en que el **Estudio de Caso**, en lugar de "generalizar" pretende "contextualizar" la **Investigación**, en torno de un determinado *fenómeno, ente* u *objeto*.

EL CASO DEL PENSAMIENTO COMPUTACIONAL

El sistema educativo que incluso al día de hoy permanece vigente, lo instauró Federico II, rey de Prusia durante el siglo XVIII: Educación primaria gratuita y obligatoria, respetuosa de la autoridad y que se fundamenta en el fiel cumplimiento de instrucciones y horarios; la idea de este tan ingenioso como belicoso rey, se parece un poco a la actual concepción de los soldados transhumanos; como lo es, la de desposeer de toda esencia de "individualismo" a los seres humanos que integraban sus tropas y así, se esperaba que tan sólo "ejecutaran" sus órdenes, en lugar de "razonarlas". Durante la Primera Revolución Industrial, recordemos que acontece también a finales del mismo siglo XVIII, el modelo de educación prusiano le vino "como anillo al dedo", a un naciente sistema de producción industrial mecanizada que necesitaba obreros especializados y poco creativos. De allí, deviene nuestra actual pedagogía grupal, donde se pondera una relación "jerarquizada" entre un maestro que "posee todo el conocimiento" y un grupo de estudiantes que lo ignora y, además, lo necesita para superar una serie de niveles académicos desquiciantes; donde debe competir en una escala de calificaciones arbitraria que no contempla la diversidad creativa y con la falsa promesa de estar "preparándose para el futuro".

En la nueva **realidad económica** y por extensión **social** que nos traerá la **Cuarta Revolución Industrial**, ya no habrá espacio para la gente "obediente" y que funcione por "castigo y recompensa"; en su lugar, existirán *trabajadores independientes, autoconscientes y creativos;* quienes se **educarán de por vida**, a partir del constante incentivo de la curiosidad y éste es, paradójicamente, el tipo de "alumno" que al día de hoy, aún se reprime y hasta desprecia y margina en el sistema de educación tradicional. La **Cuarta Revolución Industrial**, estará signada por un proceso irreversible de "desmaterialización del valor industrial"; así, la industria "dura" será sustituida de manera progresiva y a la vez rápida, por un nuevo sector industrial-financiero que transferirá toda la riqueza de la fuerza laboral humana, a la Industria 4.0.

La característica principal de esta nueva era del **Capitalismo Cognitivo**, estará en el incremento exponencial de la **Productividad** que no es lo mismo que la **Producción**, gracias a la **inteligencia artificial** y la **automatización de procesos**. En una segunda fase, cambiará el trato hacia las personas en tanto "clientes" harto escasos, con un muy elevado **poder de compra** y que esperan una atención súper-personalizada, además de súper-inmediata. Así las cosas, la **Cuarta Revolución Industrial** que al parecer ya nos imbuye, estará gobernada por el desarrollo de la **Inteligencia Artificial** y sus **aplicaciones** en todos los campos de la vida; lo cual, sin duda forzará cambios en la **Educación** que implicarán la introducción de:

1. La Creatividad.
2. La Resolución de Problemas.
3. Liderazgo Innovador de Proyectos.
4. La Gestión Eficiente de Relaciones Interpersonales.
5. El Pensamiento Crítico.

Durante la **Cuarta Revolución Industrial**, los nuevos **modelos educativos** que se propongan, deberán contener **métodos** y **técnicas** que permitan la creación de una nueva y hasta el momento, por completo desconocida forma de *Empatía,* con "otra Entidad Pensante"; como lo es la *Inteligencia Artificial.* Alcanzar tal objetivo, implicará la caracterización y el desarrollo de una serie de

Capacidades Cognitivas y Habilidades Psicoemocionales que han de preparar tanto al *Docente* como al *Educando del siglo XXI*, para enfrentar y superar situaciones y desafíos complejos que conllevan la realización colaborativa de aún más complejas *Investigaciones Transdisciplinarias*.

De lo anterior, el **Pensamiento Computacional** es uno de los **ejes** principales donde habrá de pivotar la **Educación 4.0**; a fin de lograr una armónica y muy eficiente interacción de todos los componentes del nuevo **Ecosistema** 4.0, como lo son:

1. Las Personas.
2. Las Máquinas.
3. Los Autómatas -*Robots*-.

Sin embargo, en tanto *Concepto*, el **Pensamiento Computacional** es relativamente "nuevo"; fue la *Docente y Científica de Datos* **Jeannette Wing**, quien lo definió durante el año 2006 como: "*Aquellos Procesos del Pensamiento Humano, implicados en la formulación de Problemas y su Resolución, aplicando un Agente de Procesamiento; sea éste mismo(a), un Humano o una Máquina*". La **Resolución de Problemas**, es pues, el fundamento del **Pensamiento Computacional**; por lo tanto, saber **formular** dichos "Problemas" de manera tal que puedan ser resueltos por las personas, con la participación de **sistemas informáticos** y **cognitivos**, pareciera ser una de las más caras aportaciones que los **Estudios de Caso**, traerán a la **Educación** durante esta **Cuarta Revolución Industrial**.

Otro aporte trascendente, radicaría en que el **Pensamiento Computacional** permite el desarrollo de la *Capacidad de Abstracción* desde muy temprana edad, lo cual, viene a ser altamente significativo en la **Cuarta Revolución Industrial**; dado que, a diferencia de las otras tres revoluciones anteriores, esta cuarta etapa del desarrollo de los medios de producción, implica la convergencia de múltiples tecnologías que al coincidir en un mismo *periodo histórico*, configurarán un nuevo *Contexto Social Humano-Máquina* que exigirá para su comprensión, la subsecuente creación de un nuevo *Paradigma Ontológico-Sistémico.*

Así mismo, los *Métodos y Modos del Procesamiento Humano de la Información, a fin de ser transformada en Conocimiento,* pueden explicarse a través de diferentes enfoques; siendo los dos principales, el **Computacional** y el **Psicológico** y ambas perspectivas, pueden también ser integradas y armonizadas en un **Estudio de Caso**.

Del mismo modo, la *Inteligencia Artificial,* al día de hoy, nos provee la posibilidad de elaborar el *Análisis Descriptivo y Extensivo de Fenómenos Complejos;* lo cual, nos faculta para abordar nuestro *Objeto de Estudio,* en calidad de una **Entidad**; sobre la cual, se pueden establecer *Modelos Computacionales Cognitivos.*

La principal característica de las **Teorías**, reside en que, por ser *Universales,* suelen estar *Fuera del Contexto* de la *Inteligencia* que las aborda. En un primer contacto, una **Teoría** puede no contener en apariencia, *Información* interesante para el *Educando;* sin embargo, las *Teorías* y la *Información* que éstas contienen, adquieren verdadera relevancia cuando se llevan a una *Situación Real* o **Caso** específico. Por lo tanto, un **Caso** es una **Entidad**, también **Sistémica** que acontece en el **Tiempo** y en un determinado **Contexto** y a la vez, es una **forma metódica** para la **construcción** de *Estrategias* para el *Autoaprendizaje;* a través de la *Solución de Problemas Prácticos* y que afectan un *Contexto* determinado.

El **Estudio de Caso**, será una herramienta fundamental para la **investigación** durante la **Cuarta Revolución Industrial** que le permitirá al **Científico de Datos**, analizar la problemática de la vida real y con ello, obtener un **conocimiento** más amplio y generar nuevas **teorías**. Como *Método para la Educación 4.0,* nos parece bastante eficiente y pertinente, dado que permite elaborar la *Descripción de un Suceso Real;* donde el *Educando,* debe poner en práctica el *Pensamiento Computacional.*

UNA VERSÁTIL HERRAMIENTA COGNITIVA

Tanto en los Estudios de Caso como en la vida misma, saber interpretar los símbolos es fundamental para comprender el funcionamiento de "algo"; el Símbolo, tiene como objetivo establecer una "conexión" entre la Inteligencia y la Realidad; con lo cual, la Inteligencia adquiere o refuerza una determinada forma de Identidad. Un Símbolo es, también, abstracto, evocativo, representativo y establece siempre una relación de correspondencia entre la Realidad y un Concepto gestionado por la Inteligencia. De este modo, es factible asumir que un Símbolo es la representación "perceptible" de una Idea que tiene, además de un significado, un contenido emocional y que le permite a la Inteligencia crear una Imagen; entendida como la Descripción Figurativa de una Cosa.

Si los simbolizados y ordenados como una pirámide, los **Niveles de Investigación** presentan una primera y muy amplia **Base Exploratoria** que es donde se analizan las **cualidades** del *objeto* o *evento* estudiado, al tiempo que se determinan las **variables** de la investigación. **Explorar** es, para un **investigador**, descubrir algo nuevo; en tanto **Describir**, consiste en **medir** la prevalencia de lo descubierto. De este modo, el segundo gran basamento de esta pirámide de los **niveles de investigación**, sería la **Descripción**; donde se evalúan y ponderan ya los *aspectos cuantitativos de la in-*

vestigación. Vendrá una **Capa Relacional**, luego otra **Explicativa** y los niveles más altos y en consecuencia angostos de esta pirámide, serían la **Inferencia**, el **Refinamiento** y finalmente, la **Aplicabilidad**.

El **Estudio de Caso**, "trabajaría" dentro de los niveles "uno" y "dos" de esta *Pirámide de la Investigación;* tiene así, un alcance *exploratorio-descriptivo* que permite "descubrir" algo y al mismo tiempo determinar su **frecuencia**, dentro del **contexto** donde acontece. Esta "mixtura investigativa" de los **Estudios de Caso**, será esencial durante la naciente *Era Cognitiva;* donde la *Inteligencia Artificial* deberá "explorar" la **realidad**, a fin de determinar las **variables** mediante las cuales podrá:

1. Observar.
2. Identificar.
3. Interpretar.
4. Argumentar.
5. Definir.
6. Conceptualizar.
7. Describir.
8. Estimar.
9. Inferir.
10. Verificar.
11. Refinar.
12. Aplicar.

En suma, "objetivar" la **entidad** que aborda y cuyo **comportamiento** pretende **analizar** para, muy posiblemente, con posterioridad **emularlo** y **mejorarlo**. En el **contexto** de la **Industria 4.0**, el **Estudio de Caso** puede ser una **estrategia de investigación** dirigida a **comprender** las **dinámicas** presentes en contextos singulares y podría tratarse del estudio de un **único caso** o de **varios casos** integrados. Del mismo modo, desempeñará un papel muy importante en el ámbito de la investigación y el desarrollo de *nuevos productos, servicios y tecnologías*, dado que sirve para obtener un **conocimiento** más amplio de fenómenos en pleno desarrollo y de allí, generar nuevas **teorías**. Como **Herramienta Cognitiva**, el

Estudio de Caso será útil para **producir conocimiento** de manera constante, en un **entorno real**, desde múltiples **contextos** y gestionando diversas **fuentes**; porque le permitirá a la **Inteligencia Artificial**, analizar un **problema** junto con las diferentes **alternativas** o **cursos de acción** para su **resolución**.

Mediante el **Estudio de Caso**, la orientación teórica del *Educando* se hará más simple y eficiente, debido a que el énfasis del *proceso enseñanza-aprendizaje* estaría en la **investigación, comprensión, profundización** y **análisis** del **caso**, en su propio **contexto**. Por lo tanto, estaríamos ante un **modo de conocer** que se caracteriza por la indagación "vivencial" de los **problemas de estudio**; considerando además el **contexto** que los imbuye, lo cual, conlleva como una suerte de **corolario epistemológico**, la implementación horizontalizada de múltiples procedimientos metodológicos.

El **Estudio de Caso**, hace énfasis en lo **particular** y de allí, aborda la **complejidad** que en ello subyace, como una **singularidad**. La **función** en la nueva **Educación 4.0** del **Estudio de Caso** será, en principio, la de fomentar el **análisis colaborativo, horizontalizado** y **transdisciplinario** entre el *Educando* y el *Docente del siglo XXI;* para desde allí, proporcionar herramientas, como **conceptos teóricos**, que ayuden a la **Inteligencia Artificial** a solucionar **problemas** que, por su **complejidad** y rango de **minuciosidad**, permanecen fuera del alcance humano, mas, no dejan de afectarnos.

LA EDUCACIÓN 4.0

Como en todas las revoluciones, durante la Cuarta Revolución Industrial surgirán nuevas oportunidades que sólo aquellos quienes estén debidamente preparados, en el lugar y el momento adecuado y con una lectura clara del nuevo contexto, podrán realmente saber aprovechar. En la Cuarta Revolución Industrial, el Conocimiento será de acceso libre, abierto y generalizado, mas, muy pocos sabrán en verdad cómo utilizarlo; adicionalmente, todo cuanto esté relacionado de manera directa o indirecta con la Producción de Conocimiento, constituirá un ámbito laboral y de vida para los humanos.

En la **Cuarta Revolución Industrial**, será necesario generar nuevos **espacios** para la cálida **reflexión**; en torno de la pertinencia de adquirir y cultivar una serie de hábitos de vida que despierten en nosotros el **Pensamiento Computacional** y el **Espíritu Creativo**. Así las cosas, el **Estudio de Caso** es un excelente medio de abordaje vocativo de una situación concreta, en su contexto real y que da acceso a la **producción de Conocimiento** desde el análisis "micro" y de allí, permite determinar lo "singular".

La **particularización** es, pues, la esencia de los **Estudios de Caso**; no así la **generalización** que es, más bien, cosa de las **Teorías**. En el **Escenario Laboral** de la **Cuarta Revolución Industrial**, la **Información** estará completamente disponible en la **Internet de Todo** y en tal sentido, la diferencia entre *ser* un Profesional/Trabajador eficiente o no, residirá en saber "usar" esa **Información** para la **Toma de Decisiones** eficientes que resuelvan **Problemas claves**, en un **Contexto** específico y a través de la integración de las

Tecnologías Exponenciales que configuran y dan vida a la **Industria 4.0**.

El punto álgido de la **Educación** en este nuevo escenario post-industrial, híbrido, automatizado y donde el **Trabajo Humano** será cada vez más especializado y escaso, se hallará en "saber" aplicar las nuevas *Técnicas y Metodologías para la Educación en Línea,* como el **Flipped Classroom**, en armonía con un nuevo **Modelo Sistémico para la Generación de Conocimiento** que ha de trasvasar el **Aula de Clases** y donde el *Docente*, dejará de ser un mero proveedor de *Información y Teorías fuera de Contexto,* para convertirse en un muy importante aliado del *Educando*, en sus propios **Procesos de Investigación para el Autoaprendizaje**.

En las actividades que pueden ser programadas dentro de un **Estudio de Caso**, el *Educando* y el *Docente* deben seleccionar el *Tipo de Competencia* que han de trabajar de modo **colaborativo**; para luego, *Identificar en el Contexto del Educando* un *Problema* que pueda ser abordado poniendo en práctica dichas **Competencias**. La **Relevancia del Problema**, estará vinculada con las posibilidades que éste mismo le ofrece al *Educando* para elaborar, siempre en colaboración con el *Docente*, una eficiente *Relectura de su Realidad Tecnológico-Social.* La determinación de los *Criterios de Evaluación,* en el **Estudio de Caso** implicarán, muy probablemente, *el primer contacto tanto del Docente como del Educando con las Herramientas Computacionales Libres, la Inteligencia Artificial y la Computación en la Nube.* El resultado final de toda esta **actividad**, será el **Desarrollo del Pensamiento Computacional y Crítico**; tanto en el *Educando* como en el *Docente*, lo cual, vinculado al *Estudio y Dominio del Lenguaje Audiovisual, aplicado a las Redes Sociales* permitirá:

Hacer de la Práctica Docente, una nueva Herramienta Colaborativa para la Transformación Digital.

Si bien, la **subjetividad** forma parte del acervo emocional humano; consideramos, en un **Estudio de Caso** debe ser "transformada" en **Pasión por Saber**. De este modo, la **producción de conocimiento** será un **acto natural** de la **emoción humana** que permitirá un **acercamiento holístico** a la **realidad** y que se habrá de caracterizar por carecer de *sesgos cognitivos, falacias* y distorsionadas *cosmovisiones* y será, además, la base de un proceso de enseñanza-aprendizaje *vivencial, gratificante, significativo, pertinente* y *memorable*. La *Investigación Volitiva, Transdisciplinaria, Metódica y Creativa,* será la base de la interacción eficiente y productiva del *Educando del siglo XXI* con las *Tecnologías Exponenciales y Habilitadoras de la Cuarta Revolución Industrial.*

Gracias a la progresiva introducción en nuestras vidas de las *Tecnologías Exponenciales y Habilitadoras de la Cuarta Revolución Industrial,* las *Investigaciones con Estudios de Caso,* derivarán en una muy recursiva *Herramienta Metodológica y Epistemológica* que permitirá articular una serie de *Experiencias Vivenciales Controladas;* con las cuales, es posible "acotar" el *Campo de Indagación,* es decir, establecer los linderos inteligibles y lógicos que dentro de un ámbito de *Investigación y Desarrollo* específico, ha de tener un determinado *Tema de Estudio*. Así mismo, las **Teorías** para ser aplicadas exigen una delimitación epistemológica precisa; lo cual, implica para el *Investigador* la necesidad de dimensionar el predio de sus análisis teóricos, dentro de una *Realidad Material, Espacial, Temporal y hasta Geométrica* que en durante la **Cuarta Revolución Industrial** se vincula, a través del **Cálculo**, con una *Realidad Computacional Abstracta y Algebraica*.

EL CAMBIO SOCIAL 4.0

El Cambio, es un aspecto evidente en nuestras vidas y hasta se puede asegurar que es aquello que configura y le proporciona dinamismo a la Realidad; por cuanto, se manifiesta a través de Hechos que acontecen en Espacios, con Datos claros de Personas que en Existen y que generan formas de análisis sobre Temas específicos.

Por su parte, el **Cambio Social** será uno de los temas más importantes por estudiar, en el nuevo paradigma educativo de la **Cuarta Revolución Industrial**; junto al **Estudio de Caso**, el **Cambio Social** es uno de los principales "instrumentos" que el **Sociólogo** utiliza, con el fin de poder correlacionar los **Temas** que debe abordar y sincronizar dentro de su línea de investigación. El **Cambio Social**, arraiga su fundamentación epistemológica en la evidente dialéctica que existe entre el **consenso** y el **conflicto**; por lo tanto, analizarlo conlleva la compresión del *contexto histórico, político, cultural, económico* y en el caso que nos convoca *tecnológico* en el cual se desarrolla.

El **Concepto de Cambio Social**, provee **dimensión** y **estructura** a la dinámica de **transformación** que los conglomerados humanos, han manifestado, manifiestan y manifestarán en el **devenir** de su paso por esta dimensión existencial y en su más pura esencia, es una forma no de "predecir", sino, más bien, de poder inferir el futuro que se nos avecina; no obstante, al día de hoy, existe aquello que podemos bien denominar como un "vacío prospectivo"; dado que ni los *políticos*, ni los *empresarios* ni los *académicos* de la actualidad, pueden realmente vislumbrar hacia dónde y cómo ha de avanzar esta **Cuarta Revolución industrial**. Intenta tan sólo, una vez leído este documento, abordar a un profesor, ejecutivo o empresario que conozcas y coméntale cómo su **titulación universitaria**, en menos de diez años, comenzará a tener "fecha de caducidad".

Dentro de la denominada **Cuarta Revolución Industrial**, el **Cambio Social** será **exponencial**; dado que **tecnologías** como:

1. La Inteligencia Artificial.
2. El Internet de las Cosas.
3. La Robótica Colaborativa.
4. La Fabricación Aditiva.
5. La Biotecnología.
6. Los nuevos materiales.

Han de transformar radicalmente, el futuro de nuestras formas de interacción social.

Ahora bien, para que "algo cambie" es evidente que necesita un "lugar"; el cual, podemos también entenderlo como un **Espacio** donde se introducen, aplican y correlacionan una serie de **Atributos** que en calidad de **Variables**, generan **Iteraciones**; como recordarás, una **iteración** ocurre cuando repites varias veces un **proceso**, con el **objetivo** de alcanzar una **meta** o **resultado**; incluso, a cada **ciclo** en particular que compone dicho proceso de repetición, también se le reconoce como una **iteración**. En la circunstancia que nos convoca, consideramos que la **construcción colaborativa y polisémica** de los nuevos **Espacios para la Educación 4.0**, será una labor **Ardua** que exigirá nuevos y nunca antes vistos niveles de **iteración** en el proceso de enseñanza-aprendizaje; a su vez, el **Estudio de Caso** será ese recipiente "natural" y "vivo" de las nuevas **Ideas** que han de generar los también nuevos **Temas de Estudio**; imbuidos en diversas *Realidades Socio-Tecnológicas*.

El **Estudio de Caso**, permitirá que tanto el *Educando* como el *Docente del siglo XXI*, encuentren nuevas *vías epistemológicas* para la *Integración* de diversas *Ramas del Saber y Formas de Conocimiento;* a fin de "auto-aprender" a implementar, en su *Contexto Socio-Productivo*, las *Tecnologías Habilitadoras y Exponenciales* que caracterizan a la **Cuarta Revolución Industrial** y que, además, serán las responsables directas de la activación del **Cambio Social**, más trascendente y dramático que jamás haya experimentado la humanidad en toda su historia. Por su parte, el **Cálculo** es el *Recurso Matemático* que permite el **Estudio del Cambio** dentro de la **Continuidad**, en cualquiera de sus formas, incluyendo la **Social**; de allí, la aplicación de la **Inteligencia Artificial** en el proceso enseñanza-aprendizaje, a fin de establecer la *Relación Nodal entre los Casos,* sean estos: *Personas, Colegios, Familias, Instituciones de Gobierno,* permitirá la identificación y subsecuente caracterización de aquellos **Atributos**; con los cuales, es factible analizar el carácter de las *Personas*, las *Instituciones* y sus formas de reacción ante el **Cambio Social**.

¿CUALITATIVO O CUANTITATIVO?

El término "cualitativo", proviene del latín qualitatīvus y como ya lo mencionamos, define todos aquellos componentes o características que están relacionados con las cualidades y de allí, con la "calidad de algo". Por su parte, una "cualidad" es un atributo que le provee identidad a una cosa, en el momento cuando se compara con otra que puede ser, en una primera instancia de observación, considerado como similar. Así mismo, las "cualidades" son características que también se comparan consigo mismas y con un paradigma ideal o arquetípico; de este modo, el Análisis Cualitativo tiene como objetivo determinar el "valor distintivo de algo".

En el caso de las actuales **cadenas de producción industrial mecanizada**, por ejemplo, se están introduciendo **componentes cognitivos** que aplican la **Inteligencia Artificial**, a fin de analizar y "evaluar" la "calidad" de un determinado **producto** o **servicio**; una vez este mismo, ha abandonado la **línea de producción** y comparándolo con una serie de especificaciones "ideales". Una de las principales disrupciones que traerá la **Cuarta Revolución Industrial**, una vez sus **tecnologías habilitadoras y exponenciales** sean aplicadas a los actuales **procesos de producción industrial mecanizados**, estaría en que, gracias a los "análisis cualitativos" de la **Inteligencia Artificial**, las empresas ya no tendrán que sacrificar la **calidad de sus productos**, al verse en la necesidad de incrementar la **velocidad de producción** de los mismos y en consecuencia, reducir la "atención" que se le presta a los **acabados**. Al día de hoy, en el ámbito de la **Metodología de la Investigación**, el paradigma **cualitativo** difiere y hasta se contrapone epistemológicamente al **cuantitativo**, mas, en los **procesos de producción industrial** y hasta en los de **manufactura tradicional**, ambos paradigmas suelen contraponerse y hasta "enredarse" como una compleja espiral.

El *Sociólogo, Historiador y Docente*, Dr. **Carlos Sabino**, se adelanta a este escenario al señalar cómo: *"(...). Con respecto al Tipo de Investigación, yo también diría que eso de Cualitativo y Cuantitativo, a mi entender, no es una distinción válida. Toda Investigación, tiene elementos Cualitativos y Cuantitativos porque esas, no son dos cosas opuestas; por ejemplo, si a mí me dicen: ¿De qué color es esta botella?, se vale decir que es azul y entonces: ¿El color azul es Cualitativo o Cuantitativo? Es Cualitativo, cuando es una Cualidad del Objeto, como la botella; sin embargo, el color azul es al mismo tiempo una Vibración Electromagnética, una Onda y de allí, es Cuantitativo también (...); mi idea, es que una cosa sea transferible con la otra. (...)".* El mismo profesor **Carlos Sabino**, nos expone cómo según el actual *Diseño Curricular de los Sistemas de Educación Nacional*, es sólo en los niveles de **Maestría**; donde se concibe que el *Educando* "debe aprender a investigar".

Sin embargo, la *Investigación Creativa y Aplicada al Contexto Real*, como una *Fuente Constante para la Innovación Científico-Tecnológica, en la Industria 4.0*; será una **Habilidad** que puede calificarse como *Trascendente*, en la *Temprana Vida Adulta* de nuestras actuales generaciones de relevo. En tal circunstancia, los **Estudios de Caso** estarán llamados a ser la **Herramienta Epistemológica** que nos permitirá **Refinar un Método Holístico** para la inserción, en el **Aula de Clases** de la **Inteligencia Artificial**; interpretada como un inestimable **Recurso Andragógico y Pedagógico**, apto para el **Diseño de Técnicas para el Auto-Aprendizaje Humano-Máquina**.

EL DOCENTE COGNITIVO

Hablemos, por ejemplo, del Procesamiento de Lenguaje Natural -PLN, por sus siglas en lengua inglesa, Natural Language Processing que es el ámbito de Investigación y Desarrollo de la Inteligencia Artificial, encargado de estudiar las interacciones entre las computadoras y el lenguaje humano; haciendo un énfasis particular en el diseño de sistemas cognitivos con la capacidad de analizar grandes volúmenes de datos no-estructurados. Algunos de los usos actuales del Procesamiento de Lenguaje Natural -PLN, los podemos hallar en las aplicaciones para el reconocimiento de la voz, la traducción simultánea y el análisis de texto; así mismo, esta técnica de Inteligencia Artificial, suele acompañarse de otra técnica, como lo es el Aprendizaje de Máquina o por sus siglas en lengua inglesa -Machine Learning-, en sus desarrollos y es a esta integración de técnicas de la inteligencia artificial, compuesta por el Procesamiento de Lenguaje Natural -PLN más el Aprendizaje de Máquina, a cuanto se le denomina al día de hoy como Inteligencia Artificial Cognitiva.

Alexa, la **Asistente Virtual de Amazon**, es el ejemplo por excelencia de una aplicación actual de la **Inteligencia Artificial Cognitiva**; *Siri*, de **Apple** es otro ejemplo, junto con *Cordana* de **Microsoft** y *Watson* de **IBM**. Básicamente, se trata de **Modelos Predictivos para el Procesamiento de Incidencias** que contienen su resolución como un "supuesto implícito"; a su vez, en **Medicina**, el término *incidencia* define la cantidad de **casos nuevos** de una *enfermedad*, durante un periodo de tiempo específico, por lo general un año; por su parte, en los **Sistemas Informáticos** se entiende por *incidencia,* a cualquier "evento" que no forma parte del desarrollo habitual del **sistema** y que se puede llegar a considerar como una anomalía o un peligro para el funcionamiento mismo del sistema.

Es pues, a través del **Análisis Históricos de Incidencias** como la **Inteligencia Artificial Cognitiva** "aprende" a **identificar** e incluso **predecir** los distintos *Patrones de Comportamiento que subyacen en los Datos;* así, por ejemplo, las **Posiciones** que un **Trader** toma en el *Mercado Mundial de Divisas -FOREX* y que siempre son de **Alto Riesgo**, pueden responder también a **Modelos Predictivos basados en el Análisis de Incidencias**.

Del mismo modo, son estos **Modelos Predictivos basados en el Análisis de Incidencias**, los que le permiten a **Watson**, la inteligencia artificial de **IBM**, realizar el **Análisis Cognitivo** de millones de **imágenes médicas**; a fin de identificar distintas **patologías**; incluso, *Watson* tiene la **capacidad** de interactuar de manera directa con el **paciente**, a través del **reconocimiento de texto y/o voz** y de allí, puede derivar **diagnósticos preliminares** con una ínfima tasa de error que se basan en la **interpolación** de estos datos **desestructurados**, con una ingente base de datos en línea de síntomas y antecedentes de **Estudios de Caso**.

Adicional a todo lo antes expuesto, en la actualidad tenemos, además, una seria *necesidad estructural;* cuya solución, no está aún contemplada en los *Sistemas de Educación Nacional*. Muchos de los problemas que al día de hoy enfrentan, tanto los adultos como los niños, tienen que ver con la **depresión**, el **estrés**, las **adicciones**, fuertes o tempranas y la recurrente proclividad a los **comportamientos de riesgo**; todo lo cual, no está adecuadamente dimensionado en la educación formal. Sabemos ya que un **Estudio de Caso** aporta, ante todo, una **experiencia vivencial, integral** y **relevante** al **Investigador**; de allí que sea la manera más eficiente y expedita como el *Educando del Siglo XXI,* ha de generar un primer acercamiento a los **Procesos de Refinamiento de la Información**, propios y particulares de la **Inteligencia Artificial**; además de lograr comprender y domeñar sus **Técnicas y Tec-**

nologías Asociadas.

Ahora bien, la diferencia entre un **abordaje cualitativo** "a secas", como el evaluar la **calidad** de un producto y un **Estudio de Caso** que se basa en un **abordaje cualitativo**, radicaría en que el **Estudio de Caso** articula un tipo de **análisis holístico** que se "enfoca" en profundidad y luego se "particulariza". **Saber**, conlleva poder **actuar** desde la **capacidad de conocer**; al tiempo que se mantiene una armonía evidente entre cuanto se *piensa*, se *dice* y se *hace*. Así las cosas, el verdadero gran reto del *Docente del Siglo XXI* se hallará en crear los nuevos *Espacios y Mecanismos de Convivencia, Producción y Sostenibilidad* que nuestras generaciones de relevo, han de requerir para "aprender" a "saber" cómo "hacer cosas", con **Otra Inteligencia**.

La *Ciencia* tradicional construye **modelos**, con los cuales, *mide*, *predice* y *validad;* así, la **predicción basada en modelos** es la "piedra angular" del **pensamiento científico clásico**. La *Inteligencia Artificial,* aporta a estos **modelos** una **dinámica computacional orientada a la producción de conocimiento**; nunca antes vista y ese es, precisamente, el **factor** que ha de **transformar** por completo todo nuestro mundo actual; en consecuencia, vendrá un nuevo tipo de **Docente Cognitivo** quien articulará una nueva forma de **Educación Emocional/Artística/Tecnológica** que a su vez, se entenderá como un **Proceso Holístico** que ha de iniciarse desde la más temprana edad y que se debe prolongar durante toda la *Educación Primaria, Secundaria y Superior;* llegando incluso, a participar en las facetas más trascendentes de la **Vida Adulta** y que garantizará en el *Educando,* el **desarrollo** de aquellas *Competencias y Habilidades Psicoemocionales y Tecnológicas* que han de prepararlo para afrontar el complejo y muy arduo **Cambio Social**, implícito en la **Cuarta Revolución Industrial.**

EL ESTUDIO DE CASO 4.0

La Transformación Digital, es un tipo de Cambio Social Disruptivo que habrá de redefinir por completo, el futuro de todas las actividades humanas, conocidas hasta el momento y la Educación, será una de las más afectadas. Es así, como desde nuestra Perspectiva de Investigación, contemplamos la Transformación Digital como un Proceso Socio-Productivo que parte de un Cambio Educativo; fundamentado, en el Desarrollo de las Competencias Psicoemocionales que el Educando del siglo XXI ha de adquirir; a fin de crear sus propias Rutas Cognitivas que le permitan "aprender a aprender" cómo "hacer cosas y convivir" con la Inteligencia Artificial.

De este modo, el *Educando del siglo XXI* desde sus primeros años de inserción en el nuevo **sistema educativo 4.0**, ha de perfilarse dentro de un nuevo *Paradigma de Formación para el Aprendizaje Constante, Aumentado y de por Vida*. Alcanzar dicha meta, ha de implicar el desarrollo de una serie de **Actividades de Socialización para el Primer Contacto con la Inteligencia Artificial en el Aula de Clases** que permitan establecer un **Nodo de Instancia Única para la Documentación de Experiencias Educacionales Significativas**; en torno del **Valor Intrínseco de las Técnicas de Inteligencia Artificial en el Desarrollo Cognitivo del Educando del siglo XXI**. Se deben, en principio, ejecutar de **Cuatro Fases** para el óptimo desarrollo de nuestro **Estudio de Caso 4.0**; siendo éstas mismas:

1. La Preparación y el Dimensionamiento del Caso.
2. La Exposición ante Expertos en las diferentes Áreas del Conocimiento involucradas, de la Documentación Significativa que sustenta la selección del Caso.
3. La Delimitación Física/Espacial y Teórica del ámbito de Estudio.
4. La Implementación y Validación en el Espacio Nodal, de las Tecnologías y Metodologías que sustentan el Estudio de Caso para la Transformación Digital.

Por su parte, la creación de un **Nodo Educacional para la Autoconstrucción de la Enseñanza-Aprendizaje en la Cuarta Revolución Industrial**, se hará a partir de:

1. Capturar Datos en el Aula de Clases y a través de la Inteligencia Artificial, para el Seguimiento Psicoemocional del Educando.
2. Crear los Protocolos necesarios para hacer de la Inteligencia Artificial, una Tecnología Habilitadora de apoyo al Docente, en el Aula de Clases.
3. Determinar "desde cuál Emoción" se relacionan tanto el Docente como el Educando con la Inteligencia Artificial.
4. Crear un Espacio para la puesta en práctica de Actividades Académicas que nos permitan medir Tiempos de Respuesta -*Time/User Tracking*-.
5. Consolidar una Base de Datos, sobre la cual aplicar las Herramientas de Analítica Datos.
6. Identificar en el Educando, mediante la Inteligencia Artificial Cognitiva y en colaboración con el Docente, aquellos patrones conductuales, no-verbales y emocionales, disfuncionales que ameritan una pronta atención.
7. Diseñar en el Aula de Clases y mediante una Actividad Colaborativa entre el Docente, el Educando y la Inteligencia Artificial, un Programa Experimental para la Creación de Contenido Educativo Personalizado en la Industria 4.0.
8. Crear un Estándar Documental y Tecnológico para la Generación de los Informes, referidos al Itinerario de

Aprendizaje de la Inteligencia Artificial, en el Aula de Clases.
9. Explorar en torno a la posible vinculación del proyecto, con los espacios extra-cátedra y las Redes Sociales del Educando.

Tradicionalmente, los Estudios de Caso se relacionan con *Investigaciones de carácter Cualitativo;* sin embargo, e*n el escenario Educativo y Laboral de la Cuarta Revolución Industrial,* muy probablemente esta clasificación habrá de replantearse o sencillamente, "diluirse" en una nueva dimensión epistemológica "híbrida".

Fue a comienzos del pasado siglo XX, cuando los integrantes de "la Escuela de Chicago" impulsaron los Estudios de Caso a un lugar preponderante y central en las Ciencias Sociales; así, los primeros Estudios de Caso serán elaborados en las nuevas escuelas de Trabajo Social y Sociología de la misma Universidad de Chicago.

Un Estudio de Caso, es una estrategia de investigación que, aplicada a la Educación, tiene la capacidad de fomentar, tanto en el Docente como en el Educando, el Pensamiento Computacional; mediante la indagación vivencial y la discusión reflexiva del tema investigado. Dentro del desarrollo de un Estudio de Caso, está implícita la necesidad de establecer una dinámica propia de lecturas y revisión de otras fuentes documentales; además de expresar las ideas concebidas a través de la palabra escrita; quien no lee, no sabe escribir y quien no puede escribir sus propias ideas, sencillamente no piensa.

SOBRE EL AUTOR

Iván Calderón. Bucaramanga, Colombia. 3 de marzo de 1970.

Formación Académica:

- Historiador, Mención: Historia Universal. Universidad Central de Venezuela -UCV. Caracas, Venezuela.
- Cine y Televisión. FUNDACINE-UC, Universidad de Carabobo -UC. Valencia, Venezuela
- Programador. Fundación Universidad de Carabobo FUNDAUC. Valencia, Venezuela.
- Artes Visuales, Dramaturgia y Medios Audiovisuales. Centro Universitario de Arte -CUDA, Universidad de los Andes -ULA. Mérida-Venezuela.
- Especialista en Publicidad y Mercadeo. Decanato de Postgrado, Universidad "Santa María" -USM, Caracas-Venezuela.
- Técnico Superior en Publicidad y Mercadeo. Instituto Universitario de Nuevas Profesiones -IUNP. Valencia, Venezuela.
- Técnico Especialista en Redes, Internetworking Basic. Instituto de Capacitación Empresarial I.C.E. INSIDENET GROUP-KTC. Caracas Venezuela.
- Pedagogo. Instituto Nacional de Cooperación Educativa -INCE. Caracas, Venezuela.

Formación Artística:

- Dibujo y Pintura. Escuela de Arte "Arturo Michelena". Ateneo de Valencia. Valencia, Venezuela.

- Cine y Televisión, FUNDACINE-UC, Universidad de Carabobo -UC. Valencia, Venezuela. Escuela Nacional de Cine y Televisión, Universidad de Los Andes -ULA. Mérida, Venezuela.

- Diseño Gráfico y Artes Visuales. Centro Universitario de Arte -CUDA, Universidad de Los Andes -ULA. Mérida, Venezuela

Carrera Profesional:

- Dibujante y Animador de Cortometrajes para Cine, en el Departamento de Cine de la Universidad de Los Andes –ULA, en Mérida, Venezuela.

- Asistente de Investigación y Fotógrafo FreeLancer, del Instituto de Investigaciones del Folklore y la Cultura Popular Andina, de la Facultad de Humanidades y Educación de la Universidad de Los Andes –ULA, en Mérida, Venezuela.

- Ejecutivo de Mercadeo en el Área de Retail y Supervisor Nacional de Imagen Corporativa, para toda la Fuerza de Ventas Externa –Agentes Autorizados- de Telcel-Bellsouth de Venezuela. Especializado en Productos y Servicios en Telecomunicaciones: Telefonía Móvil Celular, Proveedor de Servicios de Internet –ISP y Enlaces T1. Caracas, Venezuela.

- Fundador, Investigador y Microempresario en Tecnologías GNU-Linux. Empresa Apogee System de Venezuela. Dedicada a la implementación de Herramientas de Software Libre/GNU-Linux, en el Sector Petroquímico, así como al desarrollo de Metodologías y Tecnologías Educativas y para el desarrollo Micro-empresarial. Valencia, Venezuela.

- Como Artista FreeLancer, residí de manera legal en Suiza por 5 años; durante el año 2013, en Zúrich tuve contacto de primera mano con la Tecnología Blockchain – *Ethereum*- y desde entonces investigo por cuenta propia en el ámbito de la Creación de Criptovalores.

- Al día de hoy, soy Investigador Independiente en Tecnologías Exponenciales y en Ciencia de Datos; en tanto trabajo como Trader Independiente en el Mercado Mundial de Divisas FOREX.